水肥一体化技术图解系列丛书

西瓜

水肥一体化技术图解

涂攀峰　张承林　编著

中国农业出版社
北　京

图书在版编目（CIP）数据

西瓜水肥一体化技术图解 / 涂攀峰，张承林编著
.—北京：中国农业出版社，2016.1（2023.11重印）
（水肥一体化技术图解系列丛书）
ISBN 978-7-109-21412-5

Ⅰ．①西…　Ⅱ．①涂…　②张…　Ⅲ．①西瓜 – 肥水管
理 – 图解　Ⅳ.①S651–64

中国版本图书馆CIP数据核字（2016）第016618号

中国农业出版社出版
（北京市朝阳区麦子店街18号楼）
（邮政编码 100125）
责任编辑　魏兆猛

中农印务有限公司印刷　新华书店北京发行所发行
2016年1月第1版　2023年11月北京第3次印刷

开本：787mm×1092mm　1/24　印张：2 $\frac{2}{3}$
字数：50千字
定价：15.00元
（凡本版图书出现印刷、装订错误，请向出版社发行部调换）

　　西瓜需肥量较大，但根系浅，耐肥力弱，不合理的施肥很容易造成烧根和脱肥现象。西瓜的幼苗期、伸蔓期和开花期需肥量不大，进入结瓜期后，需肥量迅速增加，但此时瓜蔓已经基本封行，很难进入田间施肥，所以大量肥料安排在封行前施用。但前期养分需求少，提前施入的肥料容易造成肥料淋洗和烧根现象，而后期养分需求大，却因瓜藤封行而无法施肥。这一栽培管理上的矛盾是降低西瓜品质和产量的主要原因。在规模化种植的西瓜地，灌溉和施肥工作需要耗费大量的人工。水肥一体化技术具有显著的省工、省肥、省水、高效、高产、环保等优点，可以有效解决上述问题。自2006年以来，作者团队在广东、广西、海南、福建、云南等地开展了西瓜水肥一体化技术推广和示范工作，取得了明显的效果。在技术的推广和示范过程中，作者团队培训了部分西瓜种植户及专业合作社成员。他们经培训后开始自发地应用该技术，如通过滴灌、膜下喷水带、膜下滴灌进行施肥等。但在应用过程中，由于缺乏对该技术基本原理的理解，大部分的西瓜种植者没有完全掌握技术细节，导致在使用该技术的过程中出现一些问题，如爆管、出水不均匀、肥料选择不合理、肥料配比不当等。他们急需一本图文并茂、通俗易懂、可操作性强的读物来解答困惑、提供指导。本图书是作者多年研发推广水肥一体化技术的理论和实践经验的总结。由于受篇幅所限，只能概括性地介绍有关理论、设备、肥料和管理措施。同时，由于各地的气候、土壤、品种、上市时间存在差异，用户在阅读本画册时一定要结合当地实际情况做相应调整。

本画册由涂攀峰、张承林负责编写，书中插图由林秀娟绘制。在编写过程中得到华南农业大学作物营养与施肥研究室邓兰生、龚林、胡克纬、李中华、徐焕斌、萧文耀、钟仁海等同事的大力帮助，在此表示衷心感谢。

目　录

CONTENTS

水肥一体化技术的基本原理

西瓜要正常生长需要五个基本要素：光照、温度、空气、水分和养分。空气指大气中的二氧化碳和土壤中的氧气。在田间情况下，光照、温度、空气是难以人为控制的，只有水和肥两个生长要素是可以人为控制的，这就是合理的灌溉和施肥。

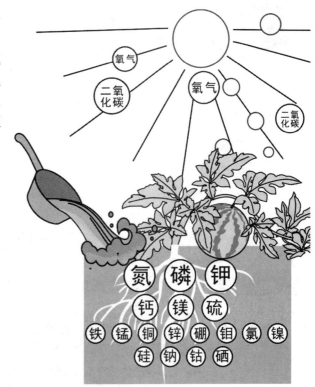

大量元素：氮、磷、钾。

中量元素：钙、镁、硫。

微量元素：铁、硼、铜、锰、钼、锌、氯、镍。

有益元素：硅、钠、钴、硒。

西瓜有两张嘴，大嘴叫根系，小嘴叫叶片。当然啰，主要的吃喝还是靠大嘴巴来完成的。叶片喷的肥只能是补充。

根系主要吸收离子态养分，肥料只有溶解于水后才变成离子态养分。所以水分是决定根系能否吸收到养分的关键因素。没有水的参与，根系就吸收不到养分。肥料必须要溶解于水后根系才能吸收，不溶解的肥料是无效的。肥料一定要施到根系所在范围，常规的撒施肥料大部分没有被吸收，白白浪费。另外，肥料溶于水后成为盐分离子，如果浓度过高会产生"烧"根现象。水肥一体化技术可以调控水肥比例，保证施肥安全。

　　水肥一体化技术满足了"肥料要溶解后根系才能吸收"的基本要求。在实际操作时，将肥料溶解在灌溉水中，由灌溉管道输送到田间的每一株作物，作物在吸收水分的同时吸收养分，即灌溉和施肥同步进行。水肥一体化有广义和狭义的理解。广义的水肥一体化就是灌溉与施肥同步进行（肥料兑水用），狭义的水肥一体化就是通过灌溉管道施肥（施肥不下田）。

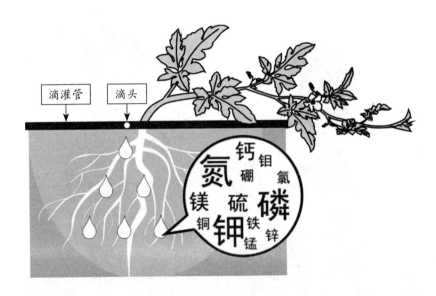

根在哪里，水肥就到哪里。把水肥"喂"到作物的嘴巴里。

西瓜的主要灌溉模式

滴灌

滴灌是指具有一定压力的灌溉水，通过滴灌管输送到田间每株西瓜，管中的水流通过滴头出来后变成水滴，连续不断的水滴对根区土壤进行灌溉。如果灌溉水中加了肥料，则滴灌的同时也在施肥。

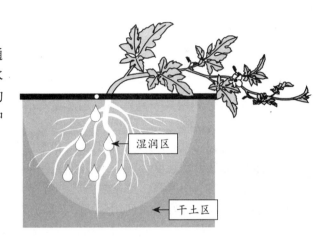

注意：滴灌是一种局部灌溉方法，它浇的是作物，而不是土壤。施肥是对根区施肥，而不是对土壤施肥。由于根系生长有趋水趋肥性，所以滴灌条件下根系大部分密集生长在滴头下方，其他地方根很少。记住啊，要关注的是根系的数量而不是根系的分布范围。滴灌是通过延长灌溉时间达到计划灌溉量的。用滴灌可以完全满足西瓜的水肥供应。

滴灌的优点

1. 节水：水分利用效率高，滴灌用水量只有喷水带灌溉用水量的1/4～1/3。
2. 节工：可以节省80%以上用于灌溉和施肥的人工，大幅度降低劳动强度。
3. 节肥：肥料利用率高，比常规施肥节省30%～60%的肥料。
4. 节药：作物长势好，农药用量减少；部分湿润土壤，杂草少，除草剂使用减少。
5. 高效快速，可以在极短的时间内完成灌溉和施肥工作，让西瓜长势整齐，成熟时间一致。
6. 对地形的适应强，易于进行自动化控制。有了滴灌，山地种西瓜照样丰产。
7. 有利于实现标准化、集约化栽培。
8. 有效减少随水传播的病害。

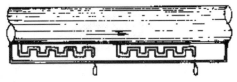

边缝式滴灌带

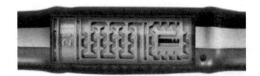

内镶柱状滴灌管

内镶贴片式
滴灌管、滴灌带

大田西瓜膜下滴灌

连续贴片式滴灌带

　　一般沿种植行铺设一条滴灌管，覆膜或者直接铺在地面。滴头间距30～50厘米，流量1.5～3.0升/小时，沙壤土选大流量滴头和较短的滴头间距，黏土选小流量滴头和较长的滴头间距。对颗粒粗的沙土，水分横向渗透范围窄时，也可以选择铺两条管。滴灌管的壁厚从0.13～1.0毫米不等。

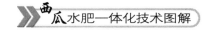

滴灌的不足

1. 如果管理不好，滴头容易堵塞。
2. 在干旱少雨地区可能会引起地表盐分的积累。
3. 一次性的设备投资较大。
4. 滴灌一般以固定面积的轮灌区操作，对不规整的地块安装不便。
5. 要求施用的肥料杂质少，溶解快。

特别提醒

　　过滤器是滴灌成败的关键设备。一般选用120目的过滤器。根据过滤器两边的压力表显示的读数定期清洗过滤器。

　　滴灌施肥就像母亲给婴儿喂奶。水分养分同时供应，少量多餐，养分平衡。以前给西瓜施肥是多量少次，西瓜就像乞丐一样，饱一顿，饿一顿，西瓜当然长不好了。很多追肥还撒在地面，没有进入土壤根系层，浪费很多。现在有滴灌，施肥灌溉都可以调控，可以根据西瓜的需水需肥规律制定标准的施肥和灌溉方案，西瓜吃饱喝足，营养平衡，当然长得健康啦。

　　记住啊，西瓜就像个婴儿，需要悉心照料。

　　每次喂它，要记得水肥一起喂啊。撒干肥是落后的施肥方法，存在流失、烧根、利用效率低等一系列问题。

　　西瓜在坐果期以后瓜藤基本封行，此时是西瓜养分需求的高峰期。西瓜封行后传统的灌溉施肥很难进行，无法满足西瓜的水肥需求。滴灌施肥的最大优点是在任何时候都可以进行灌溉施肥。西瓜坐果后，可根据西瓜的水分和养分需求规律进行少量多次的灌水与施肥，随时满足西瓜的水肥需求。

喷水带灌溉

喷水带也称水带或微喷带，是在PE软管上直接开0.5~1.0毫米的微孔出水，无需再单独安装出水器，在一定压力下，灌溉水从孔口喷出，高度几十厘米至1米。喷水带灌溉是目前西瓜等作物生产中广泛应用的一种灌溉方式。

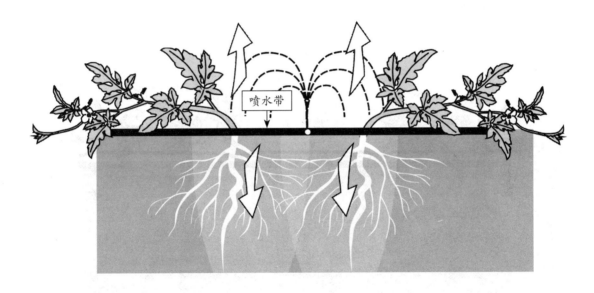

喷水带灌溉是浇地，土面蒸发很大；同时，由于出流量很大，容易产生地面径流，渗漏损失也很大。

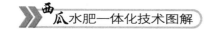

膜下喷水带灌溉

在喷水带上覆地膜，水喷出后被膜阻挡，变成水滴滴入土壤。喷水带覆膜后相当于大流量的滴灌。喷水带覆膜后表现出滴灌的优点，同时对水的过滤要求大大降低。减少土面蒸发和地面径流。目前，膜下喷水带是西瓜栽培上最普遍的水肥一体化模式之一。特别在沙地，膜下喷水带灌溉是较好的灌溉模式。

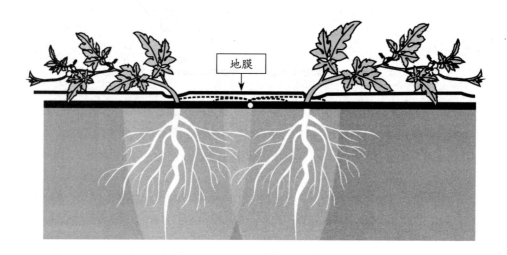

喷水带灌溉的优点

1. 适应范围广。
2. 能滴能喷（覆膜后就成为大流量的滴灌）。
3. 抗堵塞性能好（对水质和肥料的要求低）。
4. 一次性设备投资相对较少。
5. 安装使用简单方便（用户可以自己安装），维护费用低。
6. 对质地较轻的土壤（如沙地）可以少量多次快速补水（结合覆膜效果好）。

喷水带灌溉的不足

1. 在西瓜生长前期，很容易滋生杂草，同时存在水肥浪费问题，通过覆膜可以解决这一问题。
2. 在高温季节，容易形成高温、高湿环境，加速病害的发生和传播。
3. 喷水带灌溉的均匀性受铺设长度和地形的影响明显，容易导致灌水不均匀。适宜在平地使用。
4. 喷水带的管壁比较薄，容易受水压、机械和生物等影响导致破损。
5. 喷水带一般逐条开关，增加了操作成本。

浇灌（拖管淋灌）

浇灌，即浇水灌溉。

对于平地种植的西瓜，一般在行间都留有沟渠，用于储水和排水，在干旱时用水瓢等从沟中取水淋灌；在有蓄水池的地方，可以通过加压泵将水压入塑料软管，由人工托管淋水淋肥。浇灌方式工作效率低，灌溉量和施肥量的多少完全取决于操作者的人为判断，灌溉和施肥的均匀度无保障，耗工费时，无法实现自动化，只适用于小面积种植。当劳力成本越来越高后，这种灌溉模式会逐渐被淘汰。

拖管淋灌

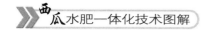

西瓜水肥一体化下的主要施肥模式

通过灌溉管道施肥，有多种方法。西瓜水肥一体化经常用的有泵吸肥法、泵注肥法、比例施肥器法等。下面详细介绍给大家。

施肥要选用合适的施肥设备，要求操作简单，施肥效率高，施肥浓度可控，浓度均一，施肥速度可控，可以自动化。

泵吸肥法

泵吸肥法是在灌溉首部旁边建一混肥池或放一施肥桶，肥池或施肥桶底部安装肥液流出的管道，此管道与首部系统水泵前的主管道连接，管上安装开关，控制施肥速度，利用水泵直接将肥料溶液吸入灌溉系统。

主要应用在用水泵对地面水源（蓄水池、鱼塘、渠道、河流等）进行加压的灌溉系统施肥，这是目前大力推广的施肥模式。如应用潜水泵加压，当潜水泵位置不深的情况下，也可以将肥料管出口固定在潜水泵进水口处，实现泵吸水施肥。

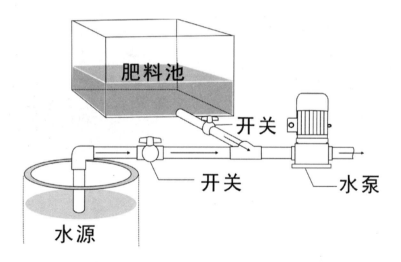

施肥时，先根据轮灌区面积的大小或西瓜株数计算施肥量，将肥料倒入混肥池。开动水泵，放水溶解肥料，同时让田间管道充满水。打开肥池出肥口的开关，肥液被吸入主管道，随即被输送到田间西瓜根部。

施肥速度和浓度可以通过调节肥池或施肥桶出肥口的开关位置实现。也可以多种配比的肥料同时施用。

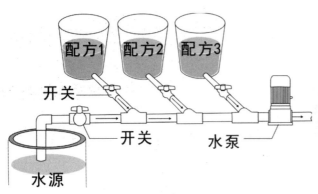

多种配比的肥料同时施用

移动灌溉施肥机采用泵吸肥法

　　对于小面积的西瓜地，当田头有小型蓄水池或沟渠时，可采用蓄电池提供动力的简易拖管淋水肥方法。具体做法见下面的示意图。或采用移动灌溉施肥机，其施肥原理也是采用泵吸肥法。

移动灌溉施肥机用于滴灌、喷水带和拖管淋灌的施肥和灌溉。

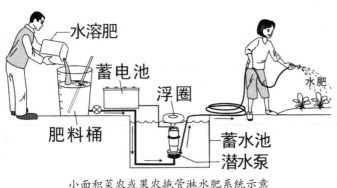

水溶肥

蓄电池

浮圈

肥料桶

蓄水池

潜水泵

水肥

小面积菜农或果农拖管淋水肥系统示意

　　潜水泵：60～370瓦，流量：1.0～6.0米³/小时，扬程：4～8米。淋水管：外径16～25毫米，PE或PVC管。电压：220伏交流电或24伏直流电。

泵吸肥法的优点

1. 无需购置专用施肥设备。
2. 操作简单方便。
3. 不需要动力就可以施肥。
4. 可以施用固体肥料和液体肥料。
5. 施肥浓度均匀，施肥速度可以控制。
6. 当放置多个施肥桶时，可以多种肥料同时施用（如磷酸一铵、硫酸镁、硝酸铵钙）。

泵吸肥法的不足

1. 不适合于自动化控制系统。
2. 不适合用在潜水泵放置很深的灌溉系统。

泵注肥法

泵注肥法是利用加压泵将肥料溶液注入有压管道而随灌溉水输送到田间的施肥方法。

通常注肥泵产生的压力必须要大于输水管内的水压，否则肥料注不进去。常用的注肥泵有离心泵、隔膜泵、聚丙烯汽油泵、柱塞泵（打药机配置泵）等。

对于用深井泵或潜水泵加压的系统，泵注肥法是实现灌溉施肥结合的最佳选择。

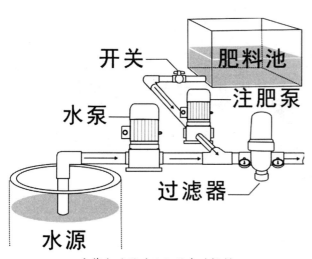

安装定时器对注肥泵自动控制

聚丙烯汽油泵

柱塞泵（打药机）

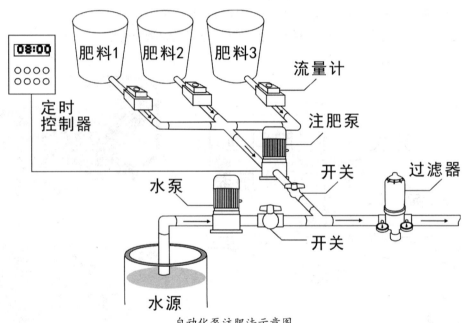

自动化泵注肥法示意图

移动式泵注肥法：管道留有注肥口，肥料桶内配置施肥泵（220伏）或肥料桶外安装汽油泵，用运输工具将肥料桶运到田间需要施肥的地方。

泵注肥法由于施肥方便、施肥效率高、容易自动化、施肥设备简单，在国内外得到大面积的应用。

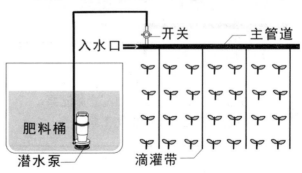

移动式泵注肥的原理图

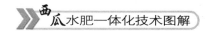

泵注肥法的优点

1. 设备和维护成本低。
2. 操作简单方便，施肥效率高。
3. 适于在井灌区及有压水源使用。
4. 可以施用固体肥料和液体肥料。
5. 施肥浓度均匀，施肥速度可以控制。
6. 对施肥泵进行定时控制，可以实现简单自动化。
7. 在出肥管道上安装流量计和定时器，实现精确自动化。

泵注肥法的不足

1. 在灌溉系统以外要单独配置施肥泵。
2. 如经常施肥，要选用化工泵。

比例施肥器法

比例施肥器是一种精确施肥设备，由施肥器将肥液从敞开的肥料罐（桶）吸入灌溉系统。动力可以是水力、电力、内燃机等。目前常用的类型有膜式泵、柱塞泵、施肥机等。比例施肥器没有水头损失，不受水压变化的影响；按比例施肥，施肥速度和浓度均匀，施肥浓度容易控制；适合于自动化控制。由于价格昂贵，在西瓜上少有应用。

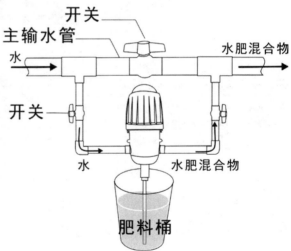

为了加快肥料的溶解，建议在肥料池内安装搅拌设备。一般搅拌桨要用316L不锈钢制造，减速机根据池的大小选择，一般功率在1.5～3.5千瓦。对于小型的施肥桶或施肥池，可以在施肥桶或施肥池内放置化工潜水泵直接回流，加快肥料的溶解。

建议淘汰施肥罐和文丘里施肥器

施肥罐是国外20世纪80年代使用的施肥设备，现在基本淘汰。施肥罐存在很多缺陷，不建议使用。

1. 施肥罐工作时需要在主管上产生压差，导致系统压力下降。压力下降会影响滴灌或喷灌系统的灌溉施肥均匀性。

2. 通常的施肥罐体积都在几百升以内。当轮灌区面积大时施肥数量大，需要多次倒入肥料，耗费人工。

3. 施肥罐施肥肥料浓度是变化的，先高后低，无法保证均衡浓度。

4. 施肥罐施肥看不见，无法简单快速地判断施肥是否完成。

5. 在地下水直接灌溉的地区，由于水温低，肥料溶解慢。

6. 施肥罐通常为碳钢制造，容易生锈。

7. 施肥罐的两条进水管和出肥管通常太小，无法调控施肥速度。无法实现自动化施肥。

同时，也不建议用文丘里施肥器。文丘里施肥器会造成系统压力减少30%～60%，严重影响施肥的均匀性，增加系统能耗。特别是滴灌管铺设比较长时，不均匀性更突出。因此，建议淘汰文丘里施肥器，或只在小面积瓜园应用。

施肥罐

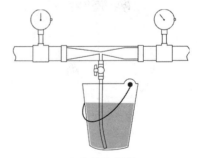

文丘里施肥器

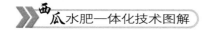

水肥一体化技术下西瓜施肥方案的制定

> 有了灌溉设施后，接下来最核心的工作就是制定施肥方案。只有制定合理可行的施肥方案，才能实现真正意义上的水肥综合管理。

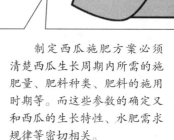

> 制定西瓜施肥方案必须清楚西瓜生长周期内所需的施肥量、肥料种类、肥料的施用时期等。而这些参数的确定又和西瓜的生长特性、水肥需求规律等密切相关。

西瓜生长及营养规律

西瓜生长特性

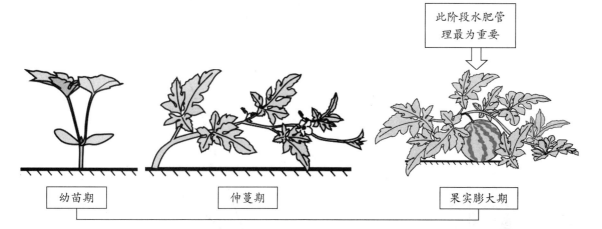

此阶段水肥管理最为重要

| 幼苗期 | 伸蔓期 | 果实膨大期 |

西瓜大部分根系分布在土壤浅层，深度在20~30厘米，喜欢透气性好的轻质或沙质土壤，而这类土壤往往保水保肥能力差。应用水肥一体化技术后少量多次的施肥灌溉正好解决这一问题。

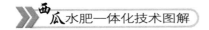

西瓜养分吸收规律

西瓜生长速度快，要及时供应养分。西瓜不同生长发育时期对氮、磷、钾养分的吸收量有较大差异，幼苗较少，伸蔓期吸收量增多，果实膨大期吸收量达到最高峰，成熟期趋于缓慢。

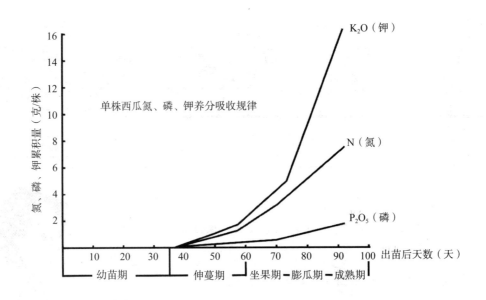

良好的土壤水分、养分管理是实现西瓜优质高产的关键。

西瓜养分需求规律

西瓜对氮、磷、钾、钙、镁、硫的需要量较多，而对铁、锌、锰、铜、硼和钼等微量元素的需要量较少。在肥料三要素中，以钾最多，钾肥施用量的多少对西瓜果实大小、色泽、糖分积累等品质因素影响很大；氮次之；磷最少。西瓜在不同生长时期对各种养分的需求比例不尽相同；每吨西瓜所带走的养分数量大致为：纯氮（N）2.5千克、纯磷（P_2O_5）0.9千克、纯钾(K_2O) 3.0千克。

幼苗期吸肥量约占总吸肥量的0.54%；抽蔓期占总吸肥量的14%；结瓜期约占总需肥量的85%。在西瓜生长前期增施氮肥，配施磷、钾肥，促进植株营养生长，坐瓜期追施氮、钾肥，对于提高西瓜产量和品质十分重要。在亩产3吨的产量水平下，在土壤肥力水平低的情况下，大约施肥量为：氮（N）15千克、磷（P_2O_5）8~10千克、钾（K_2O）20千克、镁（MgO）4千克。

肥料的分配要根据西瓜不同的生育时期养分特点确定。总体的规律是养分的吸收量与生长量基本同步。

养分需求规律：氮、磷、钾吸收比例（N：P₂O₅：K₂O）

在开花前10～15天少施氮肥，以免西瓜蔓徒长，出现只长苗不开花的现象，根据蔓的长势判断。西瓜成熟前7～10天不要灌水和施肥，以免土壤水分过多，影响西瓜的糖分。

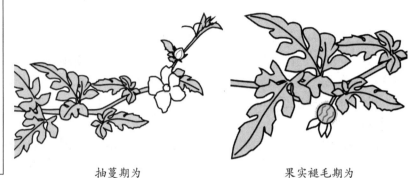

抽蔓期为
1.0：0.2：0.7

果实褪毛期为
1.0：0.2：0.9

果实膨大期为
1.0：0.3：1.2

成熟期为
1.0：0.3：1.5

西瓜施肥方案的制定

在肥料选择上，可以选择液体配方肥、硝酸钾、氯化钾、尿素、磷酸一铵、硝基磷酸铵、硝酸铵钙、水溶性复混肥作追肥施用。特别是液体肥料在灌溉系统中使用非常方便。以色列的西瓜园几乎全部施用液体配方肥料。缓控释肥一般做基肥施用。

总的施肥建议

1. 氮肥、钾肥、镁肥可全部通过灌溉系统施用。
2. 磷肥主要用过磷酸钙或农用磷酸铵作基肥施用。
3. 微量元素通过叶面肥喷施。
4. 有机肥作基肥用。对于能沤腐烂的有机肥也可通过灌溉系统施用。

西瓜到底要施多少肥？怎么施？

可以通过目标产量法或经验法获得。

目标产量法

对于西瓜等草本类作物而言，在一定的目标产量下需要吸收多少养分是比较清楚的，借助这些资料可计算具体目标产量下需要的氮、磷、钾总量。根据长期的调查，在水肥一体化技术条件下，氮的当季利用率为70%～80%，磷的当季利用率为40%～50%，钾的当季利用率为80%～90%。可计算出具体的施肥量，然后折算为具体肥料的施用量。

经验法

　　调查高产优质种植户常规种植的施肥量。当采用水肥一体化技术后，肥料利用率通常会提高40%～50%。因此，计划的施肥总量就等于常规施肥量乘以50%或60%。此方法适合于土壤肥力条件正常的情况，而对于沙土及盐碱土则不适宜。

滴灌下西瓜的施肥量：

通常生产1吨西瓜需肥量为纯氮2.5千克、纯磷0.9千克、纯钾 3.0千克。滴灌时养分利用率通常为氮70%～80%、磷40%～50%、钾80%～90%。

产量（千克/亩*）	养分需求量（千克/亩*）		
	氮（N）	磷（P₂O₅）	钾（K₂O）
3 000	10.5	6.9	13.1
4 000	14.1	9.2	17.5
5 000	17.6	11.5	21.9
6 000	21.1	13.8	26.2

* 亩为非法定计量单位，1亩=666.7米²，下同。——编者注

有机肥、磷肥，部分钾肥、镁肥可以作为底肥施入土壤。有机肥的施用量要根据土壤有机质含量而定。有机质含量低多施。一般沙壤土每亩施用有机肥0.3～0.5吨，磷酸二铵（酸性土用）或磷酸一铵（碱性土用）20千克，硫酸钾镁肥10千克。或在施用有机肥的基础上施入平衡型复合肥25～30千克，硫酸镁15千克。一般尿素、硝态氮肥不建议作底肥用。

　　基肥和追肥比例并没有固定的要求。当有设施灌溉的时候可以随时追肥。由于底肥和追肥比例不同，土壤肥力不同，很难有一个各地通用的施肥方案。

　　追肥方案制定步骤：

1. 根据目标产量的养分总量减去底肥提供的养分。
2. 根据西瓜不同生长时期的养分比例和吸收比例选择肥料及确定用量。
3. 根据少量多次的原则分配施肥次数。

坐瓜畦

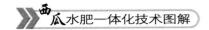
案 例 1

在亩施300千克鸡粪的基础上，以水溶性液体配方肥制定的追肥方案如下（目标产量3吨，缺镁土壤，仅供参考）：

施肥日期		肥料（千克/亩）					备注
		苗期配方	营养生长配方	膨果配方	硫酸镁	硝酸铵钙	
苗期		2	4		2		
伸蔓期	第一次	3	4			1	叶面肥
	第二次	3	5		4		
开花期		4		4		2	叶面肥
小果期	第一次		3	7		2	
	第二次		3	9	4		
	第三次		3	9		2	
大果期	第一次		2	9			
	第二次			11			
总计		12	24	49	10	7	

苗期配方为10-6-10，腐殖酸含量为13%，微量元素含量为2克/升；营养生长配方为20-5-13，微量元素含量为6克/升；膨果肥的养分含量为10-5-17，有机质含量为9%，微量元素含量为2克/升。肥料以滴灌、喷水带或淋灌分9次施用。硝酸铵钙要单独施用。

案 例 2

　　沙壤土，膜下喷水带，定植密度每亩350株。底肥：鸡粪250千克，长效复合肥（12-11-18）30千克，硫酸钾镁肥10千克。

　　追肥采用水溶性复合肥。伸蔓期及坐果期连续喷施含锌、硼、锰、铁的复合型叶面肥3次。开花前施用（16-10-17）的水溶肥，每2～3天施一次，每次每亩2千克，共施用8～10次，总量为20千克。开花后施用（12-10-20）的水溶肥，每2～3天施一次，每次3千克，共施用10～12次，总量为30千克。在小瓜期及膨大期施两次硝酸铵钙，每次3千克，共6千克。

水肥一体化技术下的肥料选择

　　水肥一体化技术作为现代农业生产的综合管理技术措施，把施肥和灌溉有机结合起来，实现在作物根区土壤空间内保持最佳的水、肥含量，保证作物在最有利的条件下吸收利用养分，从而获得高产、优质。在水肥一体化技术条件下，如何选择合适的肥料是发挥肥效的关键。

水肥一体化技术对肥料的基本要求

以不影响灌溉系统的正常工作为标准。如采用滴灌系统，施肥后半小时内过滤器堵塞，需要停泵清洗过滤器，则这种肥料可能影响了灌溉系统正常工作。如果2～3小时后需要清洗过滤器，则认为不影响灌溉系统正常运行。能量化的肥料指标有两个。

1. 水不溶物的含量：针对不同灌溉模式要求不同，滴灌系统希望水不溶物含量尽量低，对喷水带而言肥料含有一定杂质则不影响使用。

2. 溶解速度快慢：肥料溶解速度与搅拌、水温等有关。

易溶解、溶解快是用于灌溉系统肥料的基本要求。

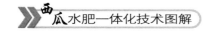

肥料的选择

氮肥：尿素、硝酸钾、硫酸铵、碳酸氢铵、硝酸铵钙、硝基磷酸铵。

磷肥：磷酸二铵和磷酸一铵（工业级）。

钾肥：氯化钾（白色粉状）、硝酸钾、水溶性硫酸钾。

复混肥：水溶性复混肥（西瓜配方肥）。

镁肥：硫酸镁、硝酸镁。

钙肥：硝酸铵钙、硝酸钙。

沤腐后的有机液肥：鸡粪、人畜粪尿或者氨基酸、黄腐殖酸等。

微量元素肥：硫酸锌、硼砂、硫酸锰等，或螯合态的微量元素。

特别提醒

　　西瓜不是所谓的"忌氯作物"。在非盐土上，用氯化钾是安全的，可以不用硫酸钾，但一定要少量多次施用。一次过多施用会造成盐害。

液体复合肥是灌溉施肥的好肥料

红色氯化钾会快速堵塞过滤器，至少滴灌系统不能用

颗粒复合肥含有杂质一般不直接用于灌溉系统施肥

特别提醒

    各种有机肥一定要沤腐后将澄清液过滤后放入滴灌系统。有试验表明，有机肥应用于滴灌系统要进行三级过滤，分别是20目、80目和120目过滤网或者过滤器。

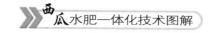
西瓜灌溉水分的监测

在整个生长季节使根层土壤保持湿润就可满足水分需要。一般在收瓜前7~10天停止灌溉。如何判断土壤水分是否适宜？

用小铲挖开根层的土壤，抓些土用手捏，能捏成团轻抛不散开表明水分适宜。捏不成团散开表明土壤干燥。这种办法适用于沙壤土。

对壤土或黏壤土，抓些土用巴掌搓，能搓成条表明水分适宜，搓不成条散开表明干旱，黏手表明水分过多。

含水量25%

含水量35%

张力计可用于监测土壤水分状况并指导灌溉，是国外目前在田间应用较广泛的水分监测设备。

　　西瓜为浅根系作物，绝大部分根系分布在30厘米以上土层内。当用张力计监测水分时，将一支张力计埋深30厘米即可。土壤湿度保持在田间持水量的60%~80%为宜。

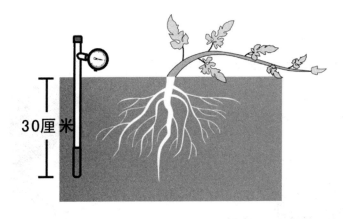

30厘米

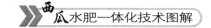

水肥一体化技术下西瓜施肥应注意的问题

　　水肥一体化技术是现代西瓜产业发展的一项水、肥综合管理技术措施，是对传统灌溉施肥技术的革命性变革，具有显著的经济效益和社会效益。

　　一般而言，灌溉技术相对容易掌握，主要考虑灌溉的均匀度、根层的湿润范围。但对于初次使用者来说，一旦将灌溉和施肥结合在一起，就有可能会遇到很多问题，比如系统堵塞问题、过量灌溉问题、养分失衡问题、肥料间的相互反应问题等，应引起高度重视。

系统堵塞问题

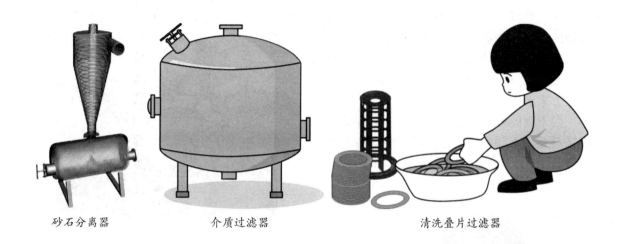

砂石分离器　　　　　　　　介质过滤器　　　　　　　　清洗叠片过滤器

　　如采用滴灌，过滤器是滴灌成败的关键，常用的过滤器为120目叠片过滤器。如果是取用含沙较多的井水或河水，在叠片过滤器之前还要安装砂石分离器。如果是有机物含量多的水源（如鱼塘水），建议加装介质过滤器。

　　在水源入口常用100目尼龙网或不锈钢网做初级过滤。过滤器要定期清洗。对于大面积的瓜园，建议安装自动反清洗过滤器。滴灌管尾端定期打开冲洗，一般1月1次，确保尾端滴头不被阻塞。一般滴完肥一定要滴清水20分钟左右（时间长短与轮灌区大小有关），将管道内的肥液冲洗掉。否则在滴头处可能会生长藻类青苔等低等植物，堵塞滴头。

盐害问题

　　防止肥料烧伤叶片和根系。特别是没有覆膜的喷水带，容易出现烧叶烧根现象。

　　通常控制肥料溶液的电导率（EC）值在1～5毫西/厘米或肥料稀释200～1 000倍。或每立方米水中加入肥料1～5千克。

　　因不同的肥料盐分指数不同，最保险的办法就是用不同的肥料浓度做试验，看会不会烧叶。

哎呀，肥料浓度太高，烧根了！

　　常规的西瓜施肥主要是撒施复合肥料。这种施肥方式不能保证肥料的安全浓度，容易出现烧根问题。特别是集中施肥，烧根更多。

肥害的本质就是盐害。除一次性过多施肥可能带来的盐害外，土壤本身含有的盐分、灌溉水中溶解的盐分都会对西瓜的生长产生抑制作用。手持电导率仪是测定肥料浓度、土壤盐分和灌溉水盐分的最好工具。盐分含量以电导率表示，单位为毫西/厘米（mS/cm），或微西/厘米（μS/cm），1mS/cm =1 000μS/cm。

　　通常测定土壤饱和溶液的电导率（EC_e）作为土壤的盐分指标，测定灌溉水的电导率（EC_w）作为灌溉水的盐分指标。下表中的数据为土壤和灌溉水不同的电导率对西瓜生长的影响。百分数为西瓜的生长状况。表中100%为西瓜正常生长，表示无盐害，此时土壤的电导率小于4.7毫西/厘米，水的电导率小于3.1毫西/厘米。表中75%表示西瓜的生长受到了25%的盐害抑制。表中0%表示西瓜死亡，停止生长，100%表示受到盐害抑制。判断一块地能否种西瓜，了解土壤和灌溉水的盐分指标是重要的参考指标。判断肥料浓度是否过高，测定肥料溶液电导率是最科学的做法。

测量溶液盐
分的电导率仪

100%		90%		75%		50%		0%	
EC_e	EC_w	EC_e	EC_w	EC_e	EC_w	EC_e	EC_w	EC_e	EC_w
4.7	3.1	5.8	3.8	7.4	4.9	10.0	6.7	15.0	10.0

直接插入土壤
测定的电导率仪

过量灌溉问题

防止过量灌溉。正确的做法如下：

灌溉的深度是由根系分布的深度决定的。如采用滴灌，在旱季每次滴灌时间控制在2～3小时（时间还与滴头流量有关，流量越小，灌溉时间越长）。在露天栽培时，雨季滴灌系统只用于施肥。这时要严格控制施肥时间，一般在30分钟内要将肥施完。在雨季通过喷水带施肥时，应将施肥时间控制在5分钟之内，否则会将肥料淋洗到根层以下，肥料不起作用，导致作物表现缺肥症状。

最常发生的情况是脱氮。雨季补充氮肥建议用硫酸铵、碳酸氢铵等不易淋失的铵态氮肥，少用或不用尿素和硝态氮肥。

判断是否过量灌溉非常简单。就是用小铲挖开根系，看看湿润层是否是根系范围。过量灌溉是水肥一体化不能发挥效果的重要原因，要引起高度重视。

用小铲挖开根层观察湿润深度

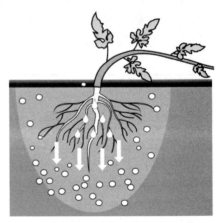

过量灌溉肥料淋洗到根层以下

养分平衡问题

　　西瓜的生长需要氮、磷、钾、钙、镁、硫、铁、锰、铜、锌、硼、钼、氯这么多养分的供应。这些养分要按适宜比例和浓度供应，这就是养分的平衡。

　　不同的土壤本底的养分供应不同，施肥方案也有差别。

　　对沙地来讲，大部分养分都是缺乏的，平衡施肥尤其重要。当西瓜采用滴灌施肥时，滴头下根系生长密集、量大，非滴灌区根系很少生长，这时对土壤的养分供应依赖性减小，更多依赖于通过滴灌提供的养分。此时各养分的合理比例和浓度就显得尤其重要。建议施肥时有机肥和化肥配合，大量元素和中微量元素配合施用。

　　一些用户知道钾对西瓜的品质产量重要，就多施钾肥，结果导致诱导性缺镁、缺钙。从养分管理的角度讲，每一个养分都是重要的，关键是这些养分间的比例是否合理。

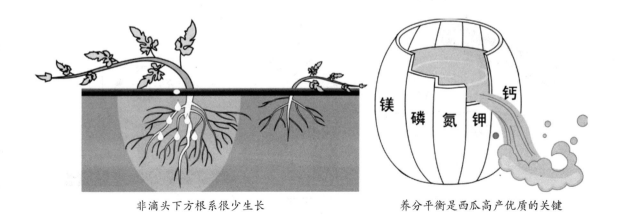

非滴头下方根系很少生长　　　　　　　　养分平衡是西瓜高产优质的关键

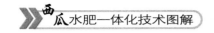

灌溉及施肥均匀度问题

不管采用何种灌溉模式，都要求灌溉要均匀，保证田间每株作物得到的水量一致。灌溉均匀了，通过灌溉系统进行的施肥才是均匀的。在田间可以快速了解灌溉系统是否均匀供水。

以滴灌为例，在田间不同位置（如离水源最近和最远、管头与管尾、坡顶与坡谷等位置）选择几个滴头，用容器收集一定时间的出水量，测量体积，折算为滴头流量。比较不同位置的出水量就知道灌溉是否均匀。也可以通过田间的作物长势来判断灌溉是否均匀。

灌溉不均匀主要发生在滴灌系统。主要是滴灌管不在工作压力下运行（如对普通滴灌，一般要求滴灌管的入口压力为8~10米水压，但很多时候运行压力大于或小于这个范围，从而导致出水不均匀）。建议滴灌系统科学设计，定期监测滴灌管的入口压力，或采用压力补偿滴灌管。喷水带一般首端都安装有开关，可以根据压力大小灵活控制喷水带的条数。

一般要求不同位置流量的差异小于10%。

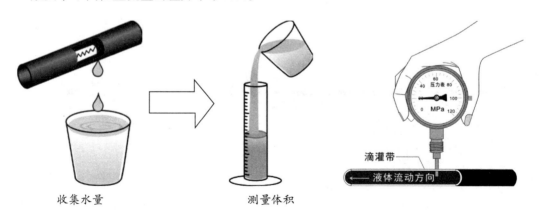

收集水量　　　　　　　　测量体积

雨季养分管理问题

雨季的施肥怎么进行？还能借助灌溉系统进行施肥吗？

可以的。雨季土壤不缺水，灌溉设施主要用来施肥。这时施肥速度要快，滴灌施肥时间控制在30分钟之内，喷水带施肥控制在5分钟之内，在施肥结束后不再冲洗管道。南方西瓜园雨季一般是高温季节，西瓜生长快，更需多次频繁施肥。雨季施肥的核心问题是防止肥料被淋洗。建议雨季尽量少用或不用尿素和硝态氮肥，改用铵态氮肥。

当然，也可以在降水量适中的情况下，通过撒施颗粒复合肥、氯化钾、硫酸钾等来补偿西瓜所需养分。

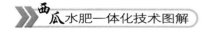

膨瓜期的裂果问题

水肥一体化技术是解决
西瓜裂果的有效手段。

　　裂果是膨瓜期和成熟期的一个普遍现象，西瓜裂果多发生在前期干旱然后遇大雨或过量灌溉后。一些瓜皮较薄的品种也容易裂果。但西瓜裂果最主要的原因是土壤水分不均匀造成的。坐瓜后至收获前保持土壤的均匀湿度是关键措施。当采用滴灌或喷水带后，只要少量频繁灌溉，很容易保证土壤的均匀湿度，从而避免裂果。由于土壤始终处于湿润状态，西瓜对水分处于正常吸收状态，即使遇到大雨，也不会造成西瓜过量吸收水分而裂果。

　　注意膨瓜期的氮、钾、钙养分的平衡，提高瓜皮的硬度也有利于减少裂果。

少量多次的施肥和灌溉原则

　　西瓜从发芽期、幼苗期、伸蔓期到结果期的整个生育时期，都在不间断地吸收养分。只是每个时期吸收的养分数量和比例存在差异。这是基本的养分吸收规律。为了尊重西瓜根系不间断吸收养分的客观规律，必须要"少量多次"施肥。以色列的田间作物管理中，每次灌溉都结合施肥。少量多次施肥是提高肥料利用率的关键做法。在有设施灌溉的情况下，施肥并不增加多少工作量。在实际施肥过程中，根据西瓜长势随时调整施肥时间和施肥量。如果西瓜长势旺盛，则适当减少施肥次数和施肥量；如果长势偏弱，则需要增加施肥次数和施肥量。常规土壤上，一般西瓜整个生育期的水肥一体化施肥次数为10～14次，是常规施肥次数的3～4倍。在沙壤土上，一般2～3天要灌溉一次，此时施肥次数在20次左右，每次每亩2～3千克水溶性复合肥。开花前少，膨瓜期多。

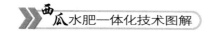

施肥前后的管理

采用滴灌时，在旱季施肥，施肥时间越长越好。一般将灌溉时间的3/4用于施肥。开始灌溉，等轮灌区的管道都充满水后开始施肥（根据轮灌区大小不同，充水时间也不同，从几分钟至十几分钟不等）。如滴灌时间为2小时，则施肥时间为1.5小时。滴完肥后，再滴15~20分钟清水，将管道中的肥液完全排出。否则可能会在滴头处生长藻类、青苔、微生物等，当遇到阳光洒干后形成结痂，造成滴头堵塞。这种堵塞称为生物堵塞。

灌溉水的硬度和酸碱度也是影响肥效的因素。如果灌溉水含钙镁盐多，同时呈微碱性，则可能会与水溶肥中的磷酸根和硫酸根发生化学反应，形成磷酸钙和硫酸钙盐的沉淀，这些沉淀不被过滤器过滤，进入滴灌管，最后沉积于滴头处，堵塞滴头。如果碰到水质硬度大，呈微碱性，建议用酸性肥料，可以防止这种化学沉淀对滴头的堵塞。这种堵塞称为化学堵塞。

注意：依靠过滤器无法解决生物堵塞和化学堵塞问题，必须依赖科学管理解决。这是很多用户滴灌堵塞的原因。

经常观察叶片的大小、厚度、光泽。颜色浓绿、叶厚、叶大且有光泽的，表示营养充足不需施肥，否则考虑施肥。 南方土壤普遍缺镁，后期叶片失绿早衰。建议参考西瓜的一些典型缺素症分析植株是否处于缺素状态。

　　经常检查是否有管道漏水、断管、裂管等现象，及时维护系统。

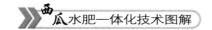

结 束 语

水肥一体化技术关注的核心问题如下：

1. 安全浓度：肥料兑水施用，人为监控养分浓度，保证肥料不烧根烧叶。

2. 合理用量：施肥原则是少量多次，既满足了作物不间断吸收养分的要求，又避免了一次过多施肥造成的烧根及肥料淋洗损失。可以根据长势随时增加或减少施肥量。水肥一体化技术最容易做到合理用量。由于水带肥到达根部，吸收更方便更容易，肥料利用率大幅度提高。

3. 养分平衡：作物需要多种营养，水肥一体化技术下更加强调养分的平衡和合理供应。特别是沙壤土和基质栽培条件下，养分平衡是高产优质的关键。